NOTICE

SUR

LA CINÉSIE

DIVISION

L'emploi des mouvements artificiels en thérapeutique repose sur les lois de l'anatomie et de la physiologie, non moins que sur les observations et les expériences traditionnelles. Nous avons exposé ailleurs la théorie des mouvements artificiels et l'histoire de leurs nombreuses applications chez les peuples divers aux différents âges de l'humanité (1). Nous avons aussi montré quelle place importante la *Cinésie* devait occuper dans l'ensemble des moyens propres à conserver la santé ou à la rétablir (2).

(1) Cinésiologie ou *Science du Mouvement dans ses rapports avec l'éducation, l'hygiène et la thérapie. — Études historiques, théoriques et pratiques. Paris, 1857.*

Voir aussi : *Plan d'une thérapeutique par le mouvement fonctionnel.* Thèse inaugurale du Dr Eugène Dally, Paris, 1859.

(2) Le terme *Cinésie* vient du grec Κίνησις, dont la racine Κίν exprime l'idée générale de *mouvement, naturel* ou *artificiel*. Ce n'est point un mot nouveau ; il y en a plusieurs dans le dictionnaire qui sont formés de la même racine, tels sont : *Cinéthmique*, science du mouvement en général ; *Acinésie*, intervalle de repos qui sépare la systole de la diastole, à chaque pulsation ; *Kinésodique*, propriété de la moelle épinière qui conduit les mouvements ou les associe en mouvements d'ensemble. Quant aux termes *Kinésiatrie, Kinésithérapie, Kinésipathie*, dont on se sert en Suède, en Allemagne et en Angleterre pour désigner l'art de traiter les maladies par le mouvement, ils sont radicalement mal formés, car les deux premiers ne peuvent signifier que *traitement du*

Le succès qui a accueilli nos travaux théoriques (1) nous fait un devoir de publier les résultats des applications auxquelles nous nous sommes livré depuis bien longtemps. C'est à cette fin que nous avons entrepris de rédiger un *Formulaire* complet des mouvements thérapeutiques ; mais, en attendant que l'étude de certaines parties de la physiologie, du système nerveux, par exemple, soit assez avancée pour qu'il ne reste plus de doutes sur les points de doctrine encore obscurs, nous venons ici rendre compte des faits qui mettent hors de conteste l'utilité de l'emploi systématique des mouvements artificiels pour la curation des maladies, non-seulement de celles qui sont réfractaires à l'action des médicaments, mais aussi de celles dont on obtient la guérison par les moyens variés dont dispose la thérapeutique ordinaire.

Pour la coordination des matériaux de cette Notice, nous les distribuerons en trois parties :

1° *Faits théoriques.*
2° *Faits méthodiques.*
3° *Faits pratiques.*

Nous publions d'abord la première partie ; les deux autres paraîtront successivement à des époques rapprochées.

mouvement, et le dernier *maladie du mouvement* ; et ce n'est pas ce que l'on veut dire. Il importe beaucoup de définir le sens des mots d'après celui des éléments qui entrent dans leur composition La *Cinésiologie* est la science du mouvement artificiel curatif, la *Cinésie* en est la détermination des formes ou l'art, et les *Cinèses* en sont les formes déterminées ou l'industrie.

(1) Voir pour la *Cinésiologie* : *Gazette hebdomadaire* du 28 août 1857 ; l'*Union Médicale* du 1er mars 1859 ; le *Siècle* du 21 avril 1855 et du 26 avril 1859. — Et pour le *Plan d'une thérapeutique par le mouvement* : l'*Union Médicale* du 1er mars 1850, le *Progrès* du 18 mars 1859, les *Archives générales de Médecine* de juin 1859, etc.

NOTICE

SUR

LA CINÉSIE

NOTICE

SUR

LA CINÉSIE

OU

L'ART DU MOUVEMENT CURATIF

DANS SES RAPPORTS AVEC LES MOUVEMENTS NATURELS
DE L'ORGANISME HUMAIN

PAR M. N. DALLY

Auteur de la *Cinésiologie* ou Science du Mouvement dans ses rapports avec l'éducation, l'hygiène et la thérapie.

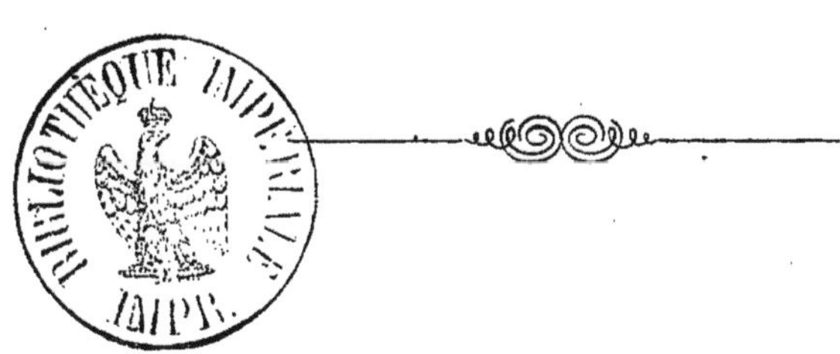

PARIS
GERMER BAILLIÈRE, ÉDITEUR,
Rue de l'École-de-Médecine, 17.

LONDRES,
H. Baillière, 219, Regent Street.

NEW-YORK,
Baillière brothers, 440, Broadway.

MADRID, C. BAILLY-BAILLIÈRE, CALLE DEL PRINCIPE, 11.

1861

PREMIÈRE PARTIE

FAITS THÉORIQUES

I

Sans vouloir rentrer dans la discussion de la théorie du mouvement que nous avons exposée ailleurs (1), nous devons cependant en dire quelques mots, et expliquer succinctement ce que nous entendons par mouvements *artificiels curatifs*, et comment nous en faisons l'application.

Nous ne dirons point, avec quelques auteurs, que l'*ensemble des mouvements physiologiques* ou *les actes au moyen desquels tous les corps organisés composent et décomposent leurs éléments matériels, croissent et décroissent, constituent la vie*. Ces mouvements constituent bien l'*existence*, mais l'existence n'est point la *vie*. Non, le *mouvement n'est point la vie*, ni la *vie le mouvement*. Ce serait confondre l'effet avec la cause ou la cause avec l'effet. Nous disons, au contraire, *le mouvement est dans la vie* ou *la vie est dans le mouvement*, considérant ainsi le mouvement et les forces qui le produisent, comme étant, entre eux et avec les éléments des corps organisés, unis d'une manière aussi positivement distincte pour la raison, qu'inséparables pour les sens.

Ainsi la vie, dans son état *statique* ou son aptitude à se manifester par le mouvement dans la matière organisée, n'est point un être spécial, imaginaire, une entité séparable de la matière, mais un ensemble de forces consistant en une force unique, par le moyen de laquelle tous les éléments anatomiques sont *aptes* à accomplir des séries de mouvements spéciaux dans leur propre unité, comme dans l'unité des fonctions spéciales de chaque

(1) *Cinésiologie*, p. 620.

cellule, de chaque appareil, en un mot dans l'unité des fonctions du mécanisme tout entier.

En d'autres termes :

Les mouvements par le moyen desquels tout corps organisé a été directement engendré, créé et délimité, selon son temps, son espace et sa forme, sont restés distribués en chaque élément anatomique dans l'unité de ses fonctions, par rapport à l'unité des fonctions de chaque cellule, de chaque appareil et du corps entier, comme les forces vitales, leur cause directe, le sont elles-mêmes dans leur propre unité.

Il fallait bien qu'il en fût ainsi, puisque tout corps organisé était destiné à se perpétuer par des mouvements semblables, c'est-à-dire à se nourrir, à se développer et à se reproduire dans son unité générique, ses variétés spécifiques et ses multiplicités individuelles, en vertu même de la quantité et de la qualité, de la corrélation et de l'union intime des forces qui ont été mises en action pour l'engendrer, le créer et le délimiter en une harmonieuse unité.

Tel est, au fond, le résultat de la mémorable discussion qui, pendant trois mois (mai, juin et juillet 1860), a eu lieu au sein de l'Académie de médecine de Paris : tous les hommes les plus éclairés et les plus habiles dans l'enseignement et dans la pratique de la médecine, quelles que soient, d'ailleurs, les divergences de leurs opinions, sont unanimes à admettre qu'il y a une force unique, inconnue, mais nécessaire, complexe, la *vie*, en vertu de laquelle tous les phénomènes physiques, mécaniques et chimiques, s'accomplissent dans les êtres organisés, selon la dépendance mutuelle des parties entre elles et avec l'ensemble (1).

II

M. Cruveilhier, dans son *Traité d'Anatomie pathologique*, page 14, dit : « Nous ignorons ce que c'est que la *vie*, mais on doit l'admettre, comme on admet la *force centripète* et la *force centrifuge*, celles d'*attraction*, d'*impulsion*, etc., qui ne donnent aucune idée des causes, et ne font qu'indiquer une cause quelconque, et un rapport avec l'effet produit. » Il ajoute : « Tous nos efforts doivent donc tendre à déterminer les lois de la force vitale. »

(1) *De l'État présent des doctrines médicales dans leurs rapports avec la philosophie et les sciences*, par le Dr Eugène Dally, Paris, 1860.

Le savant professeur indiquait ainsi, sans s'en apercevoir, que les lois de la force vitale sont les lois mêmes des mouvements que cette force met en jeu dans les molécules organisées, pour les perpétuer, et cela, nécessairement de la même manière qu'elle les a mis en jeu pour les créer.

Il n'y a pas, en réalité, deux forces différentes de nature dans les molécules de la matière, soit inorganisée, soit organisée; et les lois de la gravitation dans la matière inorganisée sont aussi celles de la matière organisée; seulement l'unité générique de la force, ses variétés spécifiques et ses multiplicités individuelles y seraient distribuées dans des proportions différentes. De là la différence de ces lois et leur coordination parfaite dans les corps organisés.

Que l'homme le veuille ou non, le but nécessaire de tous les modes possibles de son activité est la connaissance de tout ce qui s'accomplit en lui-même, car il est la synthèse parfaite de tout ce qui devait naître, *nascitura*, la NATURE. La nature n'est donc pas, comme on le dit avec Carus, « ce qui croît et se développe perpétuellement, ce qui n'a de vie que par un changement continu de forme et de mouvement intérieur. » La nature est ce qui continue à naître, à croître et à se reproduire individuellement selon son espèce et son genre, ce qui n'a de vie, de mouvement et d'être que la part qui lui en a été distribuée au commencement.

Que l'esprit humain, revivifié dans l'Occident, poursuive donc son œuvre de progrès; il a acquis, avec la liberté, le droit d'espérer qu'après avoir résolu tous les problèmes secondaires, il arrivera tôt ou tard à la solution du grand problème de la loi de *vie universelle.*

Mais nous croyons aussi qu'alors il reconnaîtra que la formule la plus simple de la loi universelle qu'il aura découverte est celle du *dogme chrétien*, couronnement nécessaire de la science, de l'art et de l'industrie, et terme final de toutes les recherches actives sur la connaissance de la nature. — Ainsi rappelé à son caractère sacerdotal primitif, l'homme agira enfin dans la sphère du fini proportionnellement à l'activité du Créateur dans la sphère de l'infini.

III

Aujourd'hui, ce que nous connaissons de la vie se résume en diverses séries de mouvements naturels déterminés et coordonnés par rapport à l'unité du mécanisme vivant, dont toutes les fonctions s'accomplissent sous l'influence directe de ces mouvements.

Par exemple :

L'enfant naît ; mais on observe un espace de temps plus ou moins long, une nuance intermédiaire, une sorte d'existence *latente*, comme on l'appelle, *statique*, si l'on veut, entre la vie *fœtale* et la vie *indépendante* (1).

Si sa respiration ne s'établit pas naturellement, il meurt sans avoir vécu de sa vie propre.

Ce cas est rare, parce qu'il est d'usage chez tous les peuples de communiquer à l'enfant, au moment même de sa naissance, quelques pressions qui tendent à provoquer la fonction respiratoire. Ces mouvements sont semblables à ceux qui sont employés dans les cas d'asphyxie.

Or, cette pratique populaire est l'expression la plus simple de la *méthode cinésique*.

Ordinairement, la *pression atmosphérique* suffit à la production du premier acte respiratoire.

Cette pression met subitement en jeu les forces de la vie, lesquelles sont, quant à l'animal et à l'homme, résumées dans le *système nerveux*, premier-né de l'organisme et promoteur spécial de toutes les fonctions ; ici, spécialement dans le *pneumo-gastrique* qui, par ses rameaux divers, tient sous sa dépendance quatre grandes fonctions de l'économie : la respiration, la phonation, la circulation, la digestion ; et consécutivement, par ses communications avec le nerf *grand sympathique*, toutes les autres fonctions de la vie organique, de la vie animale et de la vie intellectuelle, en un mot, toutes les fonctions du mécanisme vivant.

Cette action se propage jusqu'à un point situé immédiatement au-dessus

(1) Voir : *Des circonstances et des faits qui unissent et séparent en matière criminelle les deux mots : respirer et vivre*, par MM. E. Dégrange et La Fargue, médecins aux rapports près le tribunal civil de Bordeaux, p. 9, § V. Paris 1857.

de l'origine de ce nerf dans le bulbe rachidien et considéré comme *le centre* et *le premier moteur du système nerveux.* « C'est à ce point, dit M. Flourens, que toutes les parties du système nerveux tiennent pour que leurs fonctions s'exercent. Le principe de l'exercice de l'action nerveuse *remonte* donc, des nerfs à la moelle épinière et de la moelle épinière à ce *point*; et passé ce point, il *rétrograde* des parties antérieures de l'encéphale aux postérieures, et des postérieures à ce *point* encore. »

Ainsi stimulé à son tour, ce point (cette cellule) communique spontanément, par des filets nerveux spéciaux, la pression aux muscles inspirateurs qui la transmettent aux nerfs expirateurs et ceux-ci aux muscles de même nom, et la double fonction de l'inspiration et de l'expiration, déterminée intérieurement, se manifeste extérieurement; — et voilà que l'enfant pousse un cri; il a respiré, le sang s'oxigène, la circulation s'établit, la nutrition commence, la chaleur se développe : il vit désormais de sa vie propre.

Or, il est incontestable que sans la pression atmosphérique primordiale le double phénomène corrélatif intérieur, invisible, d'action nerveuse *concentrique* et d'action nerveuse *excentrique*, ne se serait point manifesté en un double mouvement musculaire extérieur, visible : le mouvement concentrique d'*inspiration* et le mouvement excentrique d'*expiration.* Sans cette pression, l'enfant, constitué d'ailleurs dans toutes les conditions anatomiques et physiologiques de *viabilité*, n'aurait point été appelé à l'exercice de la vie.

Ces doubles mouvements corrélatifs, concentro-excentriques et excentro-concentriques, se continueront donc en se multipliant nécessairement par des modes divers et variés, puisque le mécanisme vivant est incessamment passif de pressions diverses, les unes *extérieures*, provenant des milieux atmosphériques, météorologiques, géographiques, géologiques, sociaux, etc.; les autres *intérieures*, résultant des actions réciproques des parties constituantes de son être et nécessaires à l'exercice de la volonté instinctive et de la volonté morale, des mouvements naturels et de toutes les fonctions.

Incessamment *actif*, par cela qu'il est incessamment *passif*, l'enfant réagit sur toutes les choses, car il faut bien qu'il se les assimile, utiles, et qu'il les repousse, nuisibles, et cela, toujours sous la double condition primordiale, continue, de la pression atmosphérique et de l'intégrité des parties qui constituent son unité.

IV

Voyons de plus près ces phénomènes vitaux.

L'enfant continue pour son propre compte la vie qu'il a vécue de celle de sa mère; il vit de sa vie individuelle. C'est dans l'air qu'il ne cesse de puiser le gaz purificateur du sang; c'est dans le sang, d'abord élaboré par sa mère, et ensuite dans celui qu'il élabore lui-même, avec les matériaux de l'alimentation, qu'il puise les éléments nécessaires à sa nutrition, à son développement et à sa reproduction; et cela, par des séries diverses et variées, libres et non interrompues, de mouvements spontanés, physiques, mécaniques et chimiques, des surfaces cellulaires à leurs centres, et des centres cellulaires à leurs surfaces, mouvements concentriques et mouvements excentriques coordonnés dans l'unité des fonctions de la simple cellule, aussi bien que dans l'unité de l'être tout entier, — qui, du reste, n'est que le développement d'une cellule primitive microscopique.

Ainsi, tous les éléments anatomiques de la grande cellule vivante : gaz, liquides, tissus, cellules, agissent sans cesse les uns sur les autres, et selon les lois du mouvement naturel, pour se communiquer leurs pressions et leurs efforts mutuels, se maintenir dans leurs positions normales et conserver leurs formes respectives par rapport à l'unité, — tout en accomplissant par ces mêmes mouvements l'œuvre de la rénovation incessante des molécules intégrantes et constituantes de ces formes, en un mot : le travail de la *nutrition*.

Nous insistons ici, parce que cela n'a pas encore été remarqué : tous ces actes réciproques ne sont toujours que des séries diverses de mouvements concentriques et de mouvements excentriques. Les doubles mouvements continus de *composition* et de *décomposition*, d'*assimilation* et de *désassimilation*, de *combinaison* et de *décombinaison*, — que présentent, dans leur rénovation incessante, tous les éléments anatomiques des êtres organisés, — ne sont en définitive que diverses séries de mouvements concentro-excentriques et de mouvements excentro-concentriques, déterminés et coordonnés en vue de la nutrition, du développement et de la reproduction de l'être organisé, — dans lequel tout, excepté la forme essentielle, est soumis à un changement perpétuel (1).

(1) Il est impossible à l'œil d'apercevoir ces changements d'un instant à l'autre, parce qu'ils durent toujours, et que chaque particule de matière qui se désassimile, se

Question :

Quelles sont les formes et les séries de mouvements capables de produire les phénomènes physiques, mécaniques et chimiques de nutrition, de développement et de reproduction de l'être organisé? Quelles sont aussi les forces spéciales capables de ces formes et de ces séries de mouvements spéciaux, et sur quelles matières distinctes elles doivent agir? Quel est enfin le principe d'union de ces formes, de ces mouvements et de ces forces entre eux dans l'unité phénoménale? — Ces trois grands problèmes corrélatifs n'ont point encore été posés, que nous sachions, devant la raison humaine, ni pour le règne inorganique, ni pour le règne organique, ni pour le règne psychique; et, pourtant, c'est de leur solution que dépendent toutes nos connaissances réelles et leur réduction à l'unité scientifique. Incapable aujourd'hui d'aborder cette question dans sa complexité, nous en donnerons toutefois les principaux éléments dans le cours de notre ouvrage.

Et d'abord, ces trois phénomènes essentiels de la vie végétative : la *nutrition*, le *développement* et la *reproduction*, sont des résultantes directes de certaines séries spéciales de mouvements qui sont, avec les forces qui les produisent, inhérentes à la matière même de l'organisation.

Si cela est vrai pour la *végétabilité* dans l'homme, cela n'est pas moins vrai pour son *animalité* et pour son *hominalité*. Ces deux autres fractions distinctes de la nature humaine, indissolublement unies entre elles et avec la première dans une complète solidarité, ont aussi pour cause directe de leur manifestation des séries spéciales de mouvements concentro-excentriques et excentro-concentriques. Tous les actes de locomotion partielle ou générale sont, en effet, dus immédiatement à des agents semblables; et, dans l'encéphale, la nutrition de la pensée par les idées, son développement ou rayonnement par la parole et sa manifestation par le langage, — qui est contenu dans la parole, comme il est contenu dans la pensée, car il est leur terme d'union ou de proportion, — ne sont encore que des produits directs de diverses séries de procédés semblables, inhérents à la substance inétendue qui pense, qui parle, et qui traduit par son langage les rapports qui unissent sa parole et sa pensée; — en sorte que l'unité de série des mouvements de l'un des trois grands phénomènes de

remplace sur-le-champ dans le cours normal de la vie; mais on peut les saisir exactement à des intervalles relativement très-courts, comme dans la croissance des cheveux, des ongles, dans la cicatrisation d'une plaie, etc.

la vie humaine, influe sur l'unité de séries des deux autres, et réciproquement. Ainsi se maintient et se perpétue l'unité de mouvements et de fonctions dans l'ensemble du mécanisme.

Mais cette unité de mouvements est sous la dépendance spéciale de la sphère d'action de la cellule nerveuse, constituant anatomiquement, comme celle de tout autre cellule, un système un et triple à la fois.

Dans ce système sont animés :

Le cerveau par les forces *génératrices* des mouvements de la *pensée*, de l'*intelligence* et de la *volonté ;*

Le cervelet par les forces *coordinatrices* de la forme ou des mouvements de *divergence et de convergence ;*

La protubérance annulaire par les forces *conservatrices* de la forme ou des mouvements de *respiration* et de *reproduction ;*

La moelle épinière par les forces qui *lient* ou *associent en mouvements d'ensemble*, soit *divergents*, soit *convergents*, les *contractions partielles* immédiatement excitées par les nerfs dans les muscles.

Indépendamment de cette action *propre* et *exclusive* à chaque partie, il y a, pour chaque partie, une action *commune*, c'est-à-dire de chacune sur toutes, de toutes sur chacune. Ainsi l'énergie de chaque partie influe sur l'énergie de toutes les autres ; et c'est là ce qui les constitue parties d'un *système unique*. Enfin sous le rapport de la volonté, comme sous le rapport du mécanisme, il y a trois ordres de mouvements essentiellement distincts : les uns sont totalement soumis à la volonté ; les autres n'y sont soumis qu'en partie ; les autres n'y sont point soumis du tout.

Cette unité du système nerveux a été rigoureusement établie par M. Flourens dans ses *Recherches expérimentales* (1). Les limites de cette Notice ne nous permettent pas d'entrer dans de plus grands détails à ce sujet. Ce qu'il nous importe de rappeler, c'est que l'unité physique, mécanique et chimique du système nerveux, comme point central de tous les phénomènes de la vie, repose tout entière sur des séries de mouvements concentro-excentriques et excentro-concentriques, et que ce système qui règle l'action de tous les autres systèmes de l'organisme ne peut leur communiquer que ce qu'il possède lui-même et au même titre qu'il le possède.

Si la réalité de ces faits avait encore besoin d'être confirmée, on l'éta-

(1) Nous dirons dans la deuxième partie de cette Notice pourquoi nous maintenons le résultat des expériences de M. Flourens, malgré l'opinion contraire de M. Virchow.

blirait définitivement sur la configuration même des diverses parties de l'organisme.

1° Toutes ces parties affectent la forme de cellules.

2° La forme primitive de toute cellule est sphéroïdale.

3° La structure même de toute cellule est représentée par trois enveloppes concentro-excentriques.

4° La texture même des tissus de chaque partie de la cellule porte les traces visibles des séries diverses et variées de mouvements corrélatifs de la circonférence au centre et du centre à la circonférence, passant ainsi deux fois par les rayons, mouvements qui ont évidemment concouru à l'élaboration, à la distribution et à la coordination des matériaux de structure dans les limites de la forme déterminée, — exactement comme cela se passe dans les tissus faits par la main de l'homme.

5° La *consistance* et la *ténacité*, l'*extensibilité* et la *rétractilité*, l'*élasticité*, l'*hygrométricité* et les autres propriétés d'ordre inorganique que l'on observe dans les tissus organisés, sont aussi des résultats directs de la corrélation même des mouvements qui ont fait l'enchaînement des parties et distribué les matériaux de nutrition propres à leur structure.

C'est pour n'avoir point fait cette simple observation que l'on considère encore quelquefois l'*attraction* et l'*affinité*, la *plasticité*, et la *corporéité* moléculaires comme des forces puissantes, mais qui, en réalité, n'ont pas plus d'existence par elles-mêmes que les dieux de la Fable.

Tous ces phénomènes moléculaires dépendent directement des séries de mouvements qui les produisent. Ces mouvements dépendent eux-mêmes des forces que détiennent les cellules, et qui se comportent nécessairement entre elles comme les mouvements qu'elles déterminent.

Mais quelles sont ces forces ?

On l'ignore.

Seulement, on sait positivement que toute pression d'ordre physique, mécanique ou chimique, exercée par contact, à distance ou par simple présence (catalyse), sur un corps quelconque, organisé ou non, détermine des déplacements ou mouvements moléculaires réciproques, c'est-à-dire des *vibrations*, et que ces vibrations, nous ne disons pas avec Grove, qu'elles se transforment en *chaleur*, en *lumière* ou en *électricité*, dégagent au moins une force, la *chaleur*.

On sait d'ailleurs que la *chaleur* coexiste indissolublement avec la *lumière* et l'*électricité* : lorsque l'une d'elles se manifeste, les deux autres restent à l'état *latent*, ou bien elle appelle consécutivement la manifestation de deux autres.

Ainsi la vie dans les éléments anatomiques serait une force *unique* consistant en trois forces, dont les analogues sont l'*électricité*, la *lumière* et la *chaleur;* celle-ci, étant contenue dans la première comme dans la deuxième, serait leur terme d'union. De la corrélation de ces forces entre elles dépendrait directement la corrélation des mouvements vitaux entre eux, et, partant, celle des fonctions de l'élément anatomique, selon l'unité de vie qui est restée distribuée en cet élément (1).

Nous l'avons fait pressentir au commencement de cette notice : la dynamique de la matière organisée ne différerait réellement de la dynamique de la matière inorganisée que par les proportions distributives des mêmes forces dans l'une et dans l'autre. De là, sans doute, la cause de l'analogie et des différences observées entre les phénomènes de l'action nerveuse et ceux de l'électricité, de la lumière et de la chaleur dans les corps inorganiques, — analogie et différences qui expliquent, jusqu'à un certain point, pourquoi l'emploi de tout appareil électrique est utile en quelques cas et inutile ou nuisible dans d'autres (2).

Tels sont les faits les plus généraux auxquels se rattache directement toute l'économie du mécanisme vivant, et, sauf l'hypothèse *nécessaire* que nous avons faite sur les forces vitales, ces faits sont incontestables.

Il n'est pas moins incontestable que c'est par suite d'altérations dans la

(1) C'est une bien grande question que celle des forces radicales que Dieu a mises en jeu pour créer l'univers et y perpétuer l'harmonie. Nous croyons qu'elle est synthétisée dans le dogme chrétien, et plus ou moins altérée au fond des autres dogmes religieux. Dans tous on rencontre, sous des noms divers, les analogues de l'*électricité*, de la *lumière* et de la *chaleur*, comme forces radicales de génération, de développement et de reproduction, sous le triple rapport physique, intellectuel et moral. Le dogme nous a transmis cette vérité primordiale à l'état de mystère. Pourquoi ne serait-il pas réservé à la science future d'écarter le voile et de rentrer enfin, à force de labeur et d'expériences, en possession de la verité? Les importants travaux de Grove sur la *Corrélation des forces*, de Baumgartner sur les *Métamorphoses des forces naturelles*, et, parmi les physiologistes, des Matteucci, des Müller, des Reichenbach, de M. de Lapasse, de M. Cornay, etc., sont tous dirigés vers l'étude de ces forces radicales. Ce mouvement intellectuel, que nous considérons comme l'un des plus importants de notre époque, nous porte à croire que le jour n'est pas éloigné où quelque éclatante découverte viendra confirmer les prévisions de la logique, les pressentiments de la foi humaine, compagne inséparable de la science absolue.

(2) M. Béclard, dans son traité de *Physiologie*, a donné un savant résumé des expériences et des observations qui ont été faites à ce sujet.

matière des tissus, des humeurs et des gaz, que les maladies se produisent, — altérations déterminées, non point par les forces de la vie inhérentes à la matière organisée, lesquelles restent toujours inaltérables dans leur indissolubilité, — mais par des dérangements dans l'ordre, la direction, la vitesse et la quantité normale des mouvements naturels chargés de la distribution de ces forces, dérangements toujours dus à une pression anormale des milieux extérieurs ou des milieux intérieurs. — En effet, dès qu'une pression anormale, interne ou externe, a été exercée sur quelque organe, les mouvements inhérents à cet organe sont troublés, sa fonction faiblit ou fait défaut, et les produits qui en résultent ne peuvent être qu'incomplets, et, partant, non assimilables. Or, tous les organes étant unis entre eux dans une parfaite solidarité, le contingent de l'un venant à manquer à l'élaboration de tous les autres, les produits qui résultent de chacun d'eux sont également incomplets et non assimilables. Là commence la progression morbide, progression dont la raison varie, par la complication des échanges morbides, d'une manière incalculable à nos moyens d'observation, — à moins qu'il ne survienne une pression extérieure ou intérieure qui rétablisse l'ordre, la direction, la qualité et la quantité normale des mouvements naturels.

Les mouvements de l'organisme sont des faits d'observation. On sait comment l'échange moléculaire s'établit entre l'air et l'aliment; on connaît les lois de transsudation des liquides, l'*endosmose* et l'*exosmose*; on voit le sang circuler dans les capillaires les plus ténus; on observe directement les mouvements du cœur, ceux de l'estomac et des intestins. — Aussitôt qu'une maladie se déclare, on constate les troubles de l'harmonie : les mouvements nutritifs languissent, les échanges moléculaires ne s'établissent point, les mouvements organiques sont trop lents ou trop rapides; l'absorption est trop active ou ne l'est point assez, etc. La pathologie constate presque mathématiquement les résultats de ces désordres : les organes sont engorgés, augmentés de volume ou atrophiés; les fonctions ne s'accomplissent plus, les éléments anatomiques changent de nature; et la physiologie morbide vient rendre compte de toutes les altérations au nom des mouvements naturels perturbés dans leur direction ou leur intensité.

Nous venons de donner une idée générale de la doctrine des mouvements inhérents à l'organisme dans l'état de santé et dans l'état de maladie. Cette doctrine de l'*organo-cinésisme* est vraie, et restera vraie, quelle que soit, d'ailleurs, la doctrine physiologique que l'on admette, soit le *vitalisme*, l'*organicisme*, l'*organo-vitalisme*, le *spiritualisme* ou le *matérialisme*. Semblablement la grande loi de la *gravitation universelle*, l'*inorgano-cinésisme*, si l'on veut, déduite de l'observation des mouvements centripètes et centrifuges entre les molécules de la matière inorganique, comme entre les corps célestes, restera vraie, quelles que soient les hypothèses qui puissent être ensuite produites pour expliquer ces mouvements.

V

Mais la connaissance de ces faits ne serait qu'une vaine et stérile contemplation, si elle ne conduisait à une *méthode* spéciale de traitement.

Opposer au mouvement morbide le mouvement normal *artificiellement reproduit*, c'est-à-dire reproduit par l'art, *artis motu*, c'est remettre la nature dans ses voies, c'est la seconder, c'est lutter contre la tendance morbide et consécutivement déterminer le retour des mouvements physiologiques à l'état normal, ou, ce qui revient au même, le rétablissement de la santé.

Voilà toute la méthode.

Différents agents conduisent à ce résultat, et tous ont cela de commun qu'ils provoquent des mouvements. Que les médicaments pharmaceutiques ou les procédés électriques agissent, en effet, chimiquement, mécaniquement ou physiquement, c'est toujours en vertu des mouvements physiques d'abord, puis mécaniques et chimiques propres à l'économie, que s'établit leur action.

Au sujet de l'action des substances pharmaceutiques, nous reproduirons ici l'opinion de l'un des savants les plus estimés du temps présent, M. Ch. Robin, membre de l'Académie de médecine et professeur agrégé à la Faculté :

« ..... Que sont les médicaments ? Ce sont un ou plusieurs principes immédiats introduits du dehors dans l'organisme, lequel se trouve dans un état déterminé ou qui est censé l'être. Il y a, comme on voit, à tenir compte ici de deux choses : de l'organisme et du principe accidentel ; il devient tout de suite évident que, puisqu'on n'a pas encore fait l'histoire complète des principes immédiats normaux, l'emploi des médicaments ou principes accidentels dans les tentatives les plus rationnelles a toujours été plus ou moins empirique. Le but qu'on se propose en introduisant un médicament est, au fond, de rétablir dans leur état normal *d'union réciproque* les principes qui constituent la substance organisée. On cherche à le faire en portant au milieu d'elle d'autres principes qui sont favorables à ce rétablissement, soit qu'ils puissent s'unir aux principes normaux, soit simplement qu'ils remplisent le rôle de *conditions extérieures favorables à ce retour à l'état normal d'union les uns avec les autres*. Ce but ne peut être atteint qu'expérimentalement, car l'effet des principes accidentels ne peut être prévu. Or, comment instituer convenablement ces expériences, si l'on ne sait quels sont les principes qui constituent cette substance et la manière dont ils sont unis pour la constituer (1) ? »

Donc, on peut prendre le mouvement lui-même *artificiellement* provoqué comme agent direct de curation, c'est-à-dire que l'on peut directement, par des mouvements artificiels, déterminer les mouvements naturels qui amènent la guérison, et cela avec plus de précision et de certitude que par tout autre moyen.

En d'autres termes :

De même que, sous la seule influence de la pression physique de l'atmosphère, se produit la première manifestation des phénomènes de la vie dans le mécanisme de l'enfant qui vient au monde ; de même, par suite d'une pression artificielle déterminée avec précision, les mouvements naturels tendront à reprendre leurs conditions d'équilibre normal, et la fonction déficiente se rétablira consécutivement.

Rendons le fait plus saisissable encore.

Soit une personne faisant du bout d'un doigt une pression momentanée sur une partie quelconque, volontairement distendue, de son corps ou de celui d'une autre personne. — Le doigt étant ensuite levé, on voit que la partie qui a subi la pression est décolorée, blanche. Donc, les molécules solides et les liquides se sont déplacées, d'abord, en mouvements concentriques ; la chaleur a diminué. Mais bientôt on voit les fluides et les solides revenir spontanément en mouvements excentriques à leur état primitif, et même dans la partie qui a été pressée, un moment refroidie, on ressent une *chaleur* plus intense qu'avant la pression.

Nous ne parlons pas ici des autres phénomènes, physiques, mécaniques et chimiques qui accompagnent cette pression : tels que la pression et la

(1) Ch. Robin et Verdeil : *Traité de chimie anatomique et physiologique*, Paris, 1853.

sensation transmise au cerveau par les nerfs de la sensibilité, la transmission de cette sensation impressive aux nerfs moteurs de la vie animale et à ceux de la vie organique, etç. En raison même de la connexion intime qui existe entre toutes les parties de l'unité mécanique vivante, l'être tout entier aura subi certaines modifications corrélatives à la direction, à la quantité, à la qualité, à la durée de la pression.

A ce simple exemple on peut rattacher tous les phénomènes de la vie et les règles de la méthode cinésique.

La *pression* étant donc le mode d'action de tout agent, soit extérieur, soit intérieur, qui détermine naturellement tous les phénomènes cinésiques dans l'organisme, il s'en suit qu'elle est aussi la forme la plus générale de tous les autres mouvements artificiels.

La pression est, en effet, initiale et continue jusqu'aux dernières limites du rayonnnement du mouvement communiqué, quel qu'il soit : *simple contact*, même *à distance*, ou *compression*, *ligature*, *foulage*, *vibration*, *rotation*, *flexion*, *extension*, *adduction*, *abduction*, etc

Cette notion est importante et fondamentale dans le traitement des maladies. Nous la développerons dans la deuxième partie en établissant les différentes classes de mouvements et leurs formes spéciales.

VI

Au reste, nous n'avons pas la prétention d'apporter ici quelque nouveauté Nous ne faisons que présenter, sous la forme la plus simple, une méthode de traitement qui a été en usage depuis les temps les plus reculés. La Chine et l'Inde, l'Égypte, la Grèce et Rome, dans leurs plus beaux jours, l'eurent en grande estime. Nous en avons tracé l'histoire dans notre traité de *Cinésiologie*, publié en 1857. L'édition en étant épuisée, nous croyons devoir, pour qui ne l'aurait point lu, en rappeler ici quelques points principaux.

Après la chute de la Grèce et celle de Rome, la doctrine du mouvement artificiel disparut peu à peu avec tous les éléments de la civilisation antique dans l'Occident ; et il ne resta plus dans les mœurs des sociétés renouvelées que l'usage des exercices du corps, qui, sous le nom de *gymnastique* (art des exercices à nu), faisaient des hommes robustes, adroits et rusés, propres sans doute aux combats de la palestre, du cirque ou du tournois, et qui, poussés à l'excès, étaient, au témoignage de tous les écrivains de l'antiquité, aussi nuisibles à l'intelligence qu'à la santé, tandis que, pris avec modération, dans des proportions convenables avec les natures individuelles, ils aidaient au développement de la forme et à l'entretien de la santé. Mais ici, comme dans toutes les autres copies que nous faisons des monuments de l'antiquité, on avait perdu de vue les règles de l'art et les principes d'où ces règles avaient été déduites, en sorte que, ne saisissant plus le lien physiologique de chaque mouvement, de chaque série de mouvement, il fut impossible que les exercices, dits *gymnastiques*, eussent rien de parfaitement rationnel, et produisissent tout le bien qu'on devait réellement en attendre (1).

Les mouvements *artificiels* dans leurs rapports avec les mouvements *naturels* au moyen desquels s'accomplissent toutes les fonctions de l'économie, la *Cinésie*, en un mot, resta complètement ignorée ; et, partant, l'application de ces mouvements au traitement des maladies n'apparut plus que comme une chimère.

Cependant Rome, qui avait élevé des thermes dans toutes les villes de l'Occident, y avait introduit l'usage des mouvements thérapeutiques. Il s'en était empiriquement conservé quelques formes dans les traditions populaires, et scientifiquement dans tous les écrits des médecins de l'antiquité. Hippocrate considérait comme son plus beau titre de gloire d'avoir trouvé, pour chaque nature individuelle, la mesure exacte entre la quantité de mouvements et celle des aliments pour entretenir le corps et l'esprit dans de justes proportions. Oribase, médecin de l'empereur Julien, à qui Paris dut la création de ses *Thermes*, nous a transmis des observations sur les espèces de mouvements usités dans tous les établissements de l'Empire. Galien a écrit sur le même sujet. Rufus, d'Ephèse, nous a laissé un traité

(1) Voir KRAUSE : *De la Gymnastique et de l'Agonistique des Hellènes : Die Gymnastik und Agonistik der Hellenen aus den Schrift-und Bildwerken der Alterthums wissenschaftlich dargestelt und durch Abbildungen veranschaulicht.* Leipzig, 1841. — Ce grand ouvrage est le plus savant et le plus complet qui ait été écrit sur la gymnastique des anciens. L'auteur y établit en plusieurs endroits que cet art, renouvelé parmi nous, diffère entièrement de l'art antique et ne justifie nullement le nom qu'on lui donne. M. Bouchardat, dans un remarquable article sur l'*entraînement des pugilistes*, inséré dans le *Supplément à l'Annuaire de thérapeutique*, pour 1861, a très bien fait ressortir cette différence. La simple dénomination d'*art des exercices du corps* conviendrait mieux, en effet; le terme de *Cinésie* ne signifie pas autre chose.

des mouvements artificiels qu'il employait avec succès dans le traitement de la *goutte*, et que nous avons utilisés dans notre pratique. Nous voyons dans les *Œuvres* de Cœlius Aurelianus qu'il prescrivait aussi certaines formes de mouvements artificiels dans le traitement des maladies chroniques. On sait qu'il y eut à Athènes et ensuite à Rome, des médecins qui pratiquaient des mouvements pour embellir les esclaves à vendre; et que les dames grecques et les dames romaines recouraient en cachette aux talents des vendeurs d'hommes, *andrapodocapeloi*. On cite les noms de dix médecins grecs qui avaient écrit des ouvrages didactiques ou des commentaires sur l'art du mouvement. A l'exception de quelques fragments de Théophraste, aucun de ces livres n'est parvenu jusqu'à nous. Cependant nous ne doutons pas qu'en compulsant tous les livres de médecine de l'antiquité, on ne puisse refaire un *Formulaire méthodique* de la thérapie par le mouvement.

Mais ce fut bien longtemps lettre close; l'esprit humain était trop absorbé par l'étude de l'alchimie et par celle de la vertu des médicaments, comme si les médicaments pouvaient avoir une autre vertu, un autre mode d'action, que de provoquer certains mouvements dans l'économie. En fait, il reste encore aujourd'hui à découvrir quel est réellement le mode d'action de chaque espèce de médicament.

La chaîne des traditions était brisée.

Cependant au XVIe siècle on s'était mis à réapprendre Rome et la Grèce. On pénétra profondément dans les mœurs de l'antiquité, et les institutions gymniques devinrent un des objets les plus sérieux de toutes les investigations. Ces ouvrages, presque tous entrepris par les hommes les plus éminents dans la science, formeraient une bibliothèque considérable. Nous rappellerons ici les noms d'Antoine Gazi, Champier, Fuchs, Ambroise Paré, Guillaume Budé, Duchoul, Laurent Jonbert, Mercuriali, Baccio, Pierre du Faur, Jules Alessandrini, Marcel Cagnati, Joseph du Chesne, etc.

La question en fut mieux éclairée; mais elle ne fut pas résolue, parce qu'au lieu de déterminer le mouvement artificiel en lui-même, et par rapport au mouvement naturel intérieur, on se bornait toujours à le considérer comme un simple élément de la forme extérieure de l'exercice. Ainsi le mouvement artificiel restait en réalité inapplicable au traitement des maladies.

Au XVIIe siècle l'esprit humain, plus éclairé sur les choses du passé, néglige les traditions pour observer à nouveau ces choses en ce qu'elles sont en elles-mêmes. Les sciences, les arts, l'industrie, avec des notions moins incertaines, prennent des directions nouvelles et s'avancent plus librement à la recherche de la vérité.

L'étude du mouvement physiologique devint alors l'une des plus sérieuses préoccupations des savants de cette époque. De là l'école iatro-mécanique. Il faudrait ici noter les travaux de Descartes, de Borelli, de tous les savants de cette époque.

Voici ce qui s'est passé :

Les iatro-mécaniciens ont bien constaté que, dans la machine animale, les mouvements naturels sont les phénomènes essentiels les plus saisissables de la vie; ils ont observé et calculé les formes physiques de ces mouvements et leurs effets; quelques-uns même en ont entrevu l'utilité par rapport à la santé et à la maladie. Tous ont, d'ailleurs, reconnu que l'exercice est indispensable au jeu des fonctions du corps et de l'esprit, mais sans s'apercevoir que cette affirmation renferme *virtuellement* les éléments principaux de l'art de traiter les maladies, au même titre que celui de les prévenir et d'entretenir la santé. Ils ont voulu expliquer la vie sans la vie, et dans leur positivisme négatif ils se sont trouvés incapables de formuler une méthode de thérapeutique par le mouvement qui fût en connexion intime avec leur dogme ; ils ont dû être iatro-mécaniciens en théorie et iatro-chimistes en pratique.

Les quatre derniers représentants du iatro-mécanisme, de Sauvages en France, Boerhaave en Hollande, Cheyne en Angleterre et Frédéric Hoffmann en Allemagne, revinrent en définitive à la doctrine de l'antiquité, que Frédéric Hoffmann formula sous ce titre : *Les sept règles de santé.*

I — Fuyez tout excès ; l'excès est contraire à la nature.	*En tout l'excès est l'ennemi de la nature* (Hipp., Aph. 5, sect. 2).
II. — Ne changez pas subitement les choses accoutumées, parce que l'habitude est une seconde nature.	*Les choses auxquelles on est accoutumé depuis longtemps, lors même qu'elles sont moins bonnes que les choses inaccoutumées, nuisent moins d'ordinaire* (Hipp., Aph. 50, sect. 2).
III. — Soyez toujours d'un esprit gai et tranquille ; c'est la meilleure sauve-garde de la santé et de la longévité.	*La joie répand la chaleur dans tous les corps; le mouvement de la vie en est plus expansif et le pouls meilleur* (Gal., De caus. puls., IV, sect. 3).
IV. — Recherchez avec empressement un air pur et tempéré, parce que cet air im-	*L'air est pour les êtres mortels la cause de la vie et des maladies. — Selon toute*

porté beaucoup à la vigueur du corps et à celle de l'esprit.

vraisemblance, la source des maladies ne doit pas être placée ailleurs que dans l'air souillé de miasmes morbifiques (Hipp., Des vents, 4 et 5).

V. — Choisissez avec la plus grande attention les aliments convenables au corps, et ceux qui digèrent facilement et s'éliminent de même.

Les meilleurs aliments pour la santé sont ceux qui, introduits en très-petite quantité, suffisent pour calmer la faim et la soif, qui sont reçus par le corps pendant le plus de temps, et auxquels les évacuations alvines correspondent (Hipp., Des affections, 47).

VI. — Cherchez toujours la mesure exacte entre les aliments et le mouvement du corps.

S'il était possible de trouver, pour chaque nature individuelle, une mesure d'aliments et une proportion d'exercices sans excès ni en plus ni en moins, on aurait un moyen exact d'entretenir la santé (Hipp., Du régime, I, 2).

VII. —Fuyez les médecins et les remèdes, si vous avez à cœur votre santé.

L'homme sain et bien portant, ne doit avoir besoin ni de médecin ni de iatralepte... (Celse, I, 1).

Ces règles sont bonnes sans doute, et justifiées non moins par les progrès de l'anatomie et de la physiologie, que par une longue pratique dans les temps antérieurs à notre ère; mais comment chaque nature individuelle pourrait-elle s'y conformer sans posséder la connaissance qu'avaient les médecins grecs des effets physiologiques produits par chacun des innombrables mouvements que le mécanisme humain peut exécuter?

Les iatro-mécaniciens n'ont point atteint le but qu'ils s'étaient proposé, et l'on est revenu à la pratique brute des exercices athlétiques ou gymnastiques des Grecs, dont on n'avait point encore découvert le principe méthodique, et dont le terme a perdu pour nous sa signification, la chose étant, d'ailleurs, étrangère à nos mœurs.

Lorsqu'en 1779 parut, dans le quatrième volume des *Mémoires* sur les Chinois, la *Notice* du père Amiot sur la méthode du mouvement curatif (*Cong-Fou*) pratiquée en Chine, depuis les temps les plus reculés, par les prêtres de la raison suprême, *Tao-ssé*, — débris du sacerdoce primitif de la nation, dont l'établissement central est situé dans la province de Kiang-si, — cette méthode passa aux yeux des savants pour une extravagance, une superstition ; et pourtant elle repose sur les mêmes principes que celle des médecins grecs : la théorie et la pratique en sont tellement semblables que l'on dirait qu'elles ont la même origine. Selon les premiers missionnaires, une foule de malades accourent de toutes parts à l'établissement des Tao-ssé, pour se soumettre à ce mode de traitement, qui, au rapport du P. Amiot, a réellement opéré des guérisons et soulagé bien des infirmités (1).

Ce fut plus de trente ans après la publication de cette Notice, que Pierre-Henri Ling, l'un des plus grands poètes suédois, entreprit de rappeler l'art du mouvement artificiel à ses vrais principes. On prêta d'abord peu d'attention aux premiers résultats de ses études; puis on les combattit; enfin quelques esprits justes y reconnurent les éléments d'un corps de doctrine nouveau.

C'était, en effet, la doctrine du mouvement artificiel, telle qu'elle avait été pratiquée par les médecins de la Grèce et de Rome, telle qu'elle est encore aujourd'hui cultivée chez les peuples de l'extrême Orient (2).

Toute doctrine vraie est *une*, quelles que soient ses variétés, et l'esprit humain avait, dès les premiers âges, formulé celle du mouvement artificiel parce qu'il est, comme la pensée, la parole et le langage, essentiel à sa nature. Aussi, c'est en des termes semblables que Ling a été amené à formuler le principe scientifique de la méthode.

Voici la base de cette doctrine :

Tout mouvement dont l'étendue, la direction et la durée sont déterminées, est un mouvement d'ordre cinésique.

Cette base est fondamentale et absolue. Sans elle, point de méthode;

(1) C'est dans cette Notice du P. Amiot que l'on trouve pour la première fois la mention du procédé de *l'hypnotisme*, dont plus tard le docteur Braid s'est attribué l'invention : « Ce qui nous a le plus frappé, dit le savant missionnaire, c'est que les Tao-Ssé prétendent que, quand ils sont tournés longtemps l'un vers l'autre, *en regardant la racine du nez*, cela suspend le torrent des pensées, met l'âme dans un calme profond et la prépare au *far-niente* d'inertie, qui est l'exorde de la communication avec les esprits. »

(2) Dans notre traité de *Cinésiologie* nous avons analysé avec soin la méthode chinoise en elle-même et dans ses rapports avec la méthode grecque et la méthode suédoise, qui ne sont, en réalité, que des variétés d'une seule et même doctrine. M. A. C. Neumann, de Berlin, l'un des médecins qui ont le plus contribué aux progrès de la méthode suédoise, a étudié cette question dans toute l'étendue de ses connaissances, et en a fait l'objet d'un travail qui réunit ces trois méthodes sous le même point de doctrine positive : *Die Athmungskunst*, etc., ou l'*Art de la respiration de l'homme, dans ses rapports avec l'anatomie, la physiologie, la pathologie, le diagnostic (auscultation, percussion), la thérapie et la diététique*. Leipzig, 1859. — Ce savant médecin, qui veut bien nous honorer de son amitié, nous a dédié ce livre en souvenir des documents qu'il a recueillis dans notre ouvrage.

avec elle, toute méthode est vraie, quelles que soient ses variétés; seulement elles peuvent être plus ou moins compliquées dans les procédés.

C'était pourtant bien simple; mais par quelles nombreuses séries d'observations et d'expériences il a fallu passer pour en arriver là !

Les formes du mouvement sont infinies, et l'art ne consiste pas seulement à déterminer *exactement* celle qui convient dans tel cas donné, mais encore à exécuter cette forme avec *la plus grande précision.*

Aujourd'hui, grâce à la conviction et au zèle d'hommes éminents dans les sciences et dans la médecine, l'art du mouvement curatif est introduit dans toutes les villes principales de l'Europe. Stockholm, Londres, Berlin, Dresde, Saint-Pétersbourg, possèdent des établissements publics où cette méthode est pratiquée aux frais de l'Etat et des particuliers. A Vienne même, un hôpital est officiellement confié aux soins d'un médecin-cinésiste qui justifie chaque jour la puissance du mouvement artificiel contre les maladies chroniques.

En France, c'est un des élèves les plus distingués de Ling, M. le professeur Georgii, établi à Londres, qui a fait connaître cette méthode dans un opuscule bien fait, sous le titre de *Kinésithérapie* ou *Traitement des maladies par le mouvement*. Paris, 1847.

C'est à cet ouvrage que M. le docteur Durand-Fardel a emprunté les matériaux d'un chapitre intéressant inséré dans le *Supplément au Dictionnaire des Dictionnaires de médecine*, par M. Tardieu. Paris, 1851.

Telle est la seule mention sérieuse que nous ayons pu rencontrer de cette méthode dans des ouvrages de médecins français.

Depuis, nous avons établi dans notre traité de *Cinésiologie*, et dans les pages précédentes, que le mouvement artificiel est intimement lié, plus intimement lié qu'on ne l'avait compris, à l'art naturel, au moyen duquel s'accomplissent les mouvements physiologiques dans tous les éléments anatomiques, par rapport aux fonctions spéciales de ces éléments, dans l'ensemble des fonctions de chaque appareil cellulaire et de celles du mécanisme entier.

Du reste, les belles études de Pacini, de Henle et de Kœlicker sur les corpuscules du tact, de Jacubowitch sur les grandes, les moyennes et les petites cellules du cerveau, de Virchow sur le système cellulaire de l'organisation vivante, de Gavarret sur les sources de la chaleur animale, de Flourens et de tous les physiologistes et les biologistes les plus éminents, loin de porter atteinte à la doctrine du mouvement artificiel comme moyen curatif, tendent à en confirmer de plus en plus la vérité, et à la faire admettre comme une des ressources les plus précieuses en thérapeutique.

Si les choses vraiment utiles se propagent lentement, elles se propagent irrésistiblement; et certes, l'art du mouvement curatif est destiné à reprendre aussi parmi nous le rang qu'il occupait autrefois dans le traitement des maladies.

VII

Nous ne prétendons pas qu'avant les travaux de Ling, la médecine soit restée tout à fait étrangère à l'application de certains mouvements physiologiques au traitement des infirmités humaines. Par exemple, le traité d'*Orthopédie* de Nicolas Andry, doyen de la Faculté de médecine de Paris, publié en 1741, est fondé sur des données scientifiques assez exactes pour que les traités publiés successivement n'en soient réellement que des développements. Antérieurement à cette époque, et même au moyen âge, quelques mouvements étaient prescrits dans certains cas par les médecins, mais en les accompagnant de pratiques superstitieuses (1). Ce ne fut guère qu'à partir

(1) Nous en rapporterons un seul exemple. Bernard de Gordon, célèbre médecin français, qui vivait à la fin du XIIIe siècle et au commencement du XIVe, recommande dans les cas d'épilepsie le procédé suivant : Approchez-vous au plus fort de l'accès, et le patient se relèvera aussitôt que, les lèvres placées sur son oreille, vous aurez prononcé distinctement ces trois vers :

> Gaspar fert myrrham, thus Melchior, Balthazar aurum.
> Hæc tria qui secum portabit nomina regum
> Solvitur a morbo, Christi pietate, caduco.

Cette formule superstitieuse nous paraît aujourd'hui bien singulière ; mais elle était dans les mœurs de l'époque. Elle rappelle une simple pratique des médecins grecs, et spécialement des méthodistes, qui, dans les cas d'épilepsie, soufflaient fortement dans les narines et dans les oreilles. (Voir Cœlius Aurelianus, Pierre Borel, Bartholin, Riolan, etc.) Aujourd'hui il est encore d'usage parmi le peuple d'articuler fortement le nom du patient dans son oreille. — L'effet de ce mouvement est d'exciter dans le nerf acoustique des vibrations qu'il transmet au cervelet, régulateur des mouvements de locomotion, et celui-ci à la moelle allongée, qui la distribue en mouvements d'ensemble aux nerfs bilatéraux émergents. — Or, c'est dans la moelle allongée que de récentes observations placent le siége de l'épilepsie, et des vibrations acoustiques déterminées y stimulent les mouvements réflexes dont cet organe est le siége et dont la liberté est gênée dans l'épilepsie. (Voir à ce sujet GAZETTE HEBDOMADAIRE, t. IV, n° 48, 27 novembre 1857 ; Congrès de Bonn. Section de psychiatrie, 3e séance : *Siége anatomique, altérations pathologiques et causes de l'épilepsie*, par le professeur Schrœder van der Kolk.)

du XVIIe siècle, alors que commencèrent les progrès de la physiologie, que les médecins portèrent leur attention sur les effets du mouvement artificiel dans le traitement des maladies. De nos jours même, nous avons constaté dans les ouvrages des médecins les plus estimés, qui, certes, ne connaissaient point les travaux de Ling ni la notice du P. Amiot, une tendance bien marquée vers la reconstitution de la théorie du mouvement physiologique. Ainsi on revenait, sans s'en douter, aux grandes traditions de la médecine ; nous voulons parler des belles études de MM. Isidore Bourdon, Bouvier, Gerdy, Piorry, Nélaton, etc., sur l'*attitude*, la *position*, la *pesanteur*, le *mouvement* et le *repos*.

MM. Percy et Laurent ont préconisé la *percussion avec la palette* dans un grand nombre de maladies chroniques. M. Velpeau a employé *l'écrasement* pour résoudre une collection sanguine. M. Nélaton a traité le *saignement de nez* (epistaxis) par l'*élévation des bras* ; MM. Auzias-Turenne et Marc de Molènes la migraine, par la *position*, la *mastication*, le *bâillement*, l'*inspiration profonde*, la *compression*, etc. ; M. Cruveilhier le tétanos par *une contraction volontaire permanente*. D'autres ont traité l'éclampsie, des névralgies, des céphalalgies par la *compression*, la fatigue de la voix par la *respiration artificielle*, etc.

Mais toutes ces formes de mouvements ne sont que des éléments épars, désassociés, d'une méthode qui n'existe plus ; et, comme le dit M. Durand-Fardel, « il y a fort loin de ces essais limités auxquels se sont livrés les médecins, à la méthode complète et rationnelle du mouvement curatif. »

VIII

Les maladies qui ont été traitées par la méthode du mouvement artificiel, en Suède, en Allemagne, en Angleterre, à Vienne, sont extrêmement nombreuses. Ce sont aussi celles qui sont traitées dans notre établissement. En général elles font partie des maladies que l'on désigne sous le nom de *maladies chroniques*.

Telles sont :

Les maladies de l'appareil locomoteur, les déviations de l'épine dorsale et des membres, les désordres des articulations causés par la scrofule, le rhumatisme, la goutte. Tels sont encore: les maladies de l'appareil digestif, les gastrites, les gastralgies, les entérites, les affections du pylore, du foie, de la rate, de la vessie; les maladies du système nerveux: névralgies, tremblements, paralysies, lombago, etc. Les maladies des organes des sens, certaines ophthalmies, la surdité, etc. Les maladies du systéme sanguin : la chlorose, la scrofule, la goutte, les atrophies, les hypertrophies, etc.

Il est bien rare que les malades offrent exclusivement les symptômes d'une seule maladie. D'ordinaire on a observé qu'en vertu de l'enchaînement des mouvements naturels et des fonctions, divers états morbides coexistent chez un individu; la maladie, de locale, devient bientôt générale, et réclame un traitement approprié à cette dernière condition. Parfois la maladie locale disparaît, ne laissant subsister que les désordres généraux qu'elle a causés par une longue succession de phénomènes. Aussi le traitement cinésique ne s'adresse pas seulement à l'état local; il s'adresse aussi et presque toujours à l'état général de l'organisme.

Au surplus, il y a peu d'hommes parfaitement bien portants. Il est aisé de reconnaître, même chez ceux qui se félicitent le plus hautement de leur santé, des désordres qu'une longue habitude leur a appris à supporter, et qui, pour être tolérables, n'en nuisent pas moins à l'intégrité vitale. C'est ainsi que des douleurs rhumatismales musculaires, des dyspepsies. des constipations, des palpitations de cœur, des rhumes légers, des maux de tête, des engorgements multiples dans le tissu conjonctif, des névrômes. des dépôts fibrineux et albumineux, des accumulations graisseuses, etc., sont souvent les germes de maladies graves qui eussent pu être prévenues dès l'origine.

Sans vouloir autrement développer notre pensée, nous pouvons dire que, dans la grande majorité des cas morbides, il existe une insuffisance de l'absorption locale dans les régions malades. Que cette circonstance soit due à un trouble nerveux, à une compression, à une chute, à une inflammation dont les produits n'auraient point été *résorbés*, ou à d'autres causes, et ces causes sont nombreuses, il restera toujours vrai que les trois quarts des maladies offrent à l'observateur l'indication: *faire résorber, stimuler l'absorption*. On peut, en effet, constater par la palpation l'existence d'engorgements lymphatiques, cellulaires, graisseux et autres, chez presque tous les malades. Les hypertrophies des tissus normaux et des organes, du foie, du cœur, des muscles, etc., sont très-fréquents; on a même observé dans le cylindre de l'axe des nerfs paralysés des dépôts albumineux que révèle le microscope. La phthisie pulmonaire, les dépôts articulaires non suppurés, les exsudations plastiques des rhumatismes et des inflammations, etc., peuvent fournir des exemples à l'appui de notre dire.

IX

Pour mieux nous rendre compte de cet état de choses, il serait nécessaire de remonter à la doctrine cellulaire, doctrine confirmée par les plus récentes observations. Nous l'exposerons d'après Virchow dans la deuxième partie de cette Notice; toutefois, nous en prendrons ici une idée générale.

Le dernier terme de l'analyse des maladies est constitué par la maladie d'une cellule, qui est aussi le dernier terme de l'analyse anatomique. En effet, les cellules groupées diversement, sont le caractère essentiel de la constitution de l'organisme vivant : qu'il s'agisse des gaz, des liquides ou des solides, des os ou du sang, des muscles ou de la lymphe, des nerfs ou des humeurs, toujours on trouve en dernière analyse une cellule à fonction spéciale, c'est-à-dire chargée d'élaborer les principes qui lui sont fournis *médiatement* par l'atmosphère et par les aliments tirés du règne végétal et du règne animal, à cette fin qu'elle les transforme en principes *immédiats*, c'est-à-dire servant à constituer la substance organisée. C'est donc là, au sein même de la cellule microscopique, que s'accomplit l'acte mystérieux de la vie.

Chaque cellule travailleuse a ses attributions particulières dans la production de ces métamorphoses.

Ainsi assimilés par des séries spéciales de mouvements concentriques et excentriques, dont l'acte respiratoire et la circulation du sang donnent une image saisissable à la vue et au toucher, et que Brown a observées dans les parties les plus ténues des cellules végétales et animales (1), — ces produits, à l'état gazeux ou liquides, sont envoyés dans toute l'économie par un double mouvement général excentro-concentrique et concentro-excentrique que l'on appelle *endosmose* et *exosmose*, et qui constitue l'acte de l'*imbibition* ou *absorption* propre à tous les tissus, à toutes les cellules qui les composent. Toutes les cellules se laissent pénétrer et traverser par ces

(1) Béclard, *Traité élémentaire de Physiologie*. Paris, 1856. p. 562.

produits liquides, qu'elles modifient, chemin faisant, en leur enlevant ou en leur cédant, selon la nature et les besoins de chacune d'elles, quelques-uns de leurs principes, et cela, par le double mouvement nutritif de *combinaison* et de *décombinaison*. D'où il résulte que le liquide absorbé se trouve, au delà de la cellule absorbante, autre qu'il n'était en deçà. Les produits désassimilés et ceux qui n'ont point été assimilés sont éliminés par d'autres séries de mouvements semblables vers les conduits excrétoires.

Tel est en peu de mots ce merveilleux laboratoire où des myriades de cellules microscopiques, ayant chacune sa part de vie, de mouvement et d'être, travaillent de concert et sans relâche à la nutrition, au développement et à la conservation matérielles de l'organisme, cette grande cellule complexe, qui réagit aussi de concert et sans relâche, en séries de mouvements semblables, sur la nutrition, le développement et la conservation matérielles de chacune de ses parties.

Quant à sa nutrition, à son développement et à sa conservation spirituelles, nous dirons aussi ce que nous en pensons.

Les cellules des lobes du cerveau, du cervelet et de la protubérance annulaire sont aussi occupées de concert et sans relâche à transformer les images ou rapports immatériels des choses existant en nous ou hors de nous, en rapports spirituels, *idées*, *notions* et *pensées*. C'est là leur fonction propre, à laquelle elles ne sont pas plus libres de se soustraire que tout autre groupe de cellules à fonction propre.

Il y a, en effet, des cellules pour les *idées*; il y en a pour les *notions intellectuelles*; il y en a aussi pour les *pensées*. Et si les pensées sont en rapports proportionnels avec les idées et les notions intellectuelles, il faut bien que ces trois espèces de cellules soient entre elles dans de semblables rapports; il existe en effet des prolongements nerveux qui les unissent anatomiquement entre elles. La pensée, c'est le résultat de la comparaison ou pesée, *pensatum*, de l'idée et de la notion. Ainsi l'assimilation *spirituelle* de *l'immatérialité* des choses, c'est-à-dire de leur centre, de leur forme et de leur figure, en un seul mot, de leur image, — perçue par l'intermédiaire des trois ordres de cellules qui constituent chacun des organes des sens, et dont les prolongements nerveux remontent jusqu'aux cellules du cerveau, du cervelet et de la protubérance annulaire — se fait par une méthode semblable à celle de l'assimilation de la matière brute en matière organique.

Après tout, ce n'est pas seulement l'image des choses qui est immatérielle, c'est aussi le temps, et l'espace, et le mouvement qui mesure le temps et l'espace, et la force qui engendre le mouvement et reste inhérente à toutes ses manifestations dans la molécule brute, comme dans la cellule organisée.

Ce sont bien les cellules nerveuses de l'encéphale qui transforment l'immatérialité des choses en spiritualité, les images en pensées analogues; et qui relient ainsi le moi au non-moi, l'esprit à la matière. Ce sont bien elles qui élaborent, mais ce ne sont pas elles qui pensent et qui nourrissent; elles sont seulement les organes vivants d'un être purement immatériel, l'*esprit*, qui réside au sein des trois ordres de cellules qui, dans des proportions diverses, composent la subtance nerveuse du cerveau, du cervelet et de la protubérance annulaire, et dont l'intelligence instinctive détermine et dirige dans ces trois ordres de cellules les mouvements de nutrition, de développement et de conservation.

L'esprit garde toujours en soi les pensées élaborées par les cellules du cerveau, du cervelet et de la protubérance annulaire. De là, la *mémoire*, la *réflexion*, et tous les autres attributs qui fournissent les preuves les plus irréfragables de la réalité de l'esprit. Lorsque l'esprit, dans son intelligence instinctive, doit les communiquer hors de l'encéphale aux autres cellules analogues de l'organisme, ou en dehors des limites individuelles de l'organisme, ce ne sont pas ses pensées qu'il communique, mais l'expression de ses pensées, c'est-à-dire les séries de mouvements par lesquels ces pensées ont été élaborées; et il existe anatomiquement, avons-nous dit plus haut, des prolongements nerveux entre les cellules qui élaborent les matériaux de la pensée, celles qui élaborent les matériaux de l'organisme et celles qui transmettent ces mouvements aux organes périphériques des sens, sous la forme de mouvements physiognomiques, vocaux, visuels, auditifs, olfactifs, gustatifs, ou de toucher et de locomotion; en sorte que ces mouvements sont nécessairement la continuation de ceux qui ont élaboré la pensée. C'est donc avec raison que l'on dit que tel mouvement exprime une idée, tel autre une notion, tel autre une pensée.

Dans toute formule de traitement cinésique, il est de la plus haute importance de tenir compte de ces rapports, de ces analogies.

Continuons cette esquisse générale.

L'esprit pense toujours, et n'est pas libre de ne pas penser toujours : c'est sa fonction propre qu'il accomplit d'abord en lui-même, dans sa sphère d'action spirituelle, puis par l'intermédiaire de la sphère d'action immatérielle de ses cellules organisées matériellement. Il pense, dans sa spontanéité instinctive, en vertu des mouvements qui l'ont initialement engendré, créé et coordonné dans sa triple unité, génératrice, intellectuelle et sensitive, et qui se continuent dans les trois ordres de cellules qui constituent les parties essentielles du cerveau, du cervelet et de la protubérance annulaire. Et comme la liberté instinctive du corps est aux limites de sa nutrition organique, de son développement plastique et de sa conservation ou reproduction chimique; de même la liberté instinctive de l'esprit est aux limites de sa nutrition spirituelle par les idées, de son développement par les notions intellectuelles et de sa conservation ou reproduction par les pensées.

Ainsi fut circonscrite la liberté de la nature humaine dans une parfaite coordination entre les fonctions instinctives de l'esprit, principe de l'animalité dans l'homme et celles du corps, principe de sa végétalité. Quant aux fonctions qui caractérisent l'hominalité, elles viennent de la volonté exercée librement par un principe supérieur, l'âme, seule juge, dans sa conscience, du bien et du mal, de la rationalité et de la moralité des actes spirituels ou organiques par rapport à la nutrition, au développement et à la conservation de l'individu, de la famille et de la société, dont le mécanisme humain est en lui-même le prototype perpétuel, comme il l'est aussi de la science, de l'art et de l'industrie.

Or, toutes ces fonctions sont sous la dépendance de l'unité d'action du système nerveux, un et triple à la fois, unité sans laquelle l'existence normale de l'individu, de la famille et de la société seraient contradictoires et impossibles.

Mais si l'unité de mouvement, de forme et de structure dans l'organisme est fondée sur la triplicité, ne faut-il pas que la force impulsive initiale, semblable à celle qui a été reconnue par Newton dans tous les phénomènes du mouvement des corps celestes, soit triple aussi dans son unité?

Ici, nous touchons encore à la vie et aux triples forces qui la constituent, et en vertu desquelles le temps, l'espace et la forme, tout a été créé et se meut perpétuellement en son temps, son espace et sa forme déterminés, comme la vie elle-même a été déterminée au commencement.

X

Et maintenant, que le moindre trouble soit apporté dans le filet nerveux qui met en mouvement le mécanisme d'une seule cellule, il y aura nécessairement perturbation dans l'ordre de ces mouvements, et partant, dans la fonction de la cellule : mais comme chaque cellule travaille pour un groupe spécial de cellules, de même que ce groupe travaille pour chacune des cellules qui le compose ; il arrivera aussi nécessairement que le produit d'élaboration de chaque cellule n'aura pas ses qualités normales, et que son contingent fera défaut au groupe auquel elle est spécialement associée. Les produits de ce groupe seront incomplets et la cellule primitivement troublée ne recevant plus de son groupe la part qui lui revient dans l'élaboration sociale, l'unité tout entière finira par être en souffrance.

Or, ce qui est vrai pour un seul groupe de cellules, l'est également pour tous les groupes qui sont associés dans l'unité du mécanisme total. Une direction anormale étant imprimée à un mouvement, ce mouvement se transmet de proche en proche, de façon à amener des altérations dans les gaz, les fluides et les tissus de l'économie. Des stases vasculaires se forment. Ces stases compriment les expansions nerveuses ; une sorte de paralysie frappe certaines portions d'organes, et l'image de la compression des centres nerveux par un épanchement ou par une tumeur se reproduit à une échelle très-réduite. Tantôt ce phénomène se passe dans les tubes nerveux primitifs eux-mêmes, tantôt dans le tissu conjonctif, tantôt dans les cellules encéphaliques, rachidiennes, pulmonaires, hépatiques, rénales, etc. De là une grande variété de symptômes ; de là des hétérotrophies et des hétéromorphies, dont on pourrait admettre l'existence sans qu'il fût nécessaire de les constater à l'œil nu ou au toucher. — On conçoit que la gravité des maladies n'est pas en rapport avec l'étendue des lésions, mais avec le siége de ces lésions et leur nature.

Si un mouvement hygide *spontané* ou *provoqué* ne vient point arrêter l'évolution pathologique, la maladie, d'obscure qu'elle était, se déclare visible et saisissable. Une fois déclarée, c'est encore par un mouvement naturel que se rétablit la fonction cellulaire. Nous l'avons dit précédemment, et nous insistons : que ce mouvement naturel soit provoqué par l'action des substances pharmaceutiques, par celle des mouvements artificiels ou par tout autre moyen, le phénomène reste le même. Le plus souvent les ressources intrinsèques de l'organisme, abandonné à lui-même, suffisent pour guérir le mal à son extrême début, et c'est ainsi que vingt fois par jour peut-être, à la suite d'occupations habituelles, d'attitudes vicieuses, d'alimentation désordonnée, d'émotions vives, de modifications atmosphériques, etc., se produisent et se guérissent des altérations extrêmement ténues.

Mais soit que les conditions préalables aient été mauvaises, soit que la cause morbigène agisse d'une manière continue ou trop fréquemment, soit que cette cause ai été violente et énergique, le mal se propage, et selon qu'il se propage lentement ou rapidement, la réaction générale est faible ou intense, la maladie est aiguë ou chronique.

Or, il n'est pas une seule maladie où les désordres que nous venons de signaler ne se manifestent et ne nécessitent l'élimination par voie de *résorption* des tissus malades lorsque la maladie a eu quelque durée, ou des produits de sécrétion viciés lorsqu'elle n'a pas altéré profondément ces cellules. — Les tissus profondément altérés ne se régénèrent pas; ils disparaissent et sont remplacés par des tissus de nouvelle formation. Par là s'expliquent les récidives à la suite des ablations pratiquées par le bistouri, souvent alors même que les tumeurs n'ont point le caractère obscur de malignité.

Mais nous croyons avoir suffisamment touché à une question que les travaux de Koëlliker, de Virchow et de Wunderlich ont irréfragablement établie, et qui répand de vives lumières sur la Cinésie.

Un des points essentiels de cette question, c'est la cause des maladies, et c'est sur ce point que nous allons insister en terminant cette Notice. *Sublatâ causâ, tollitur effectus.*

XI

Nous avons dit : il est peu d'hommes parfaitement bien portants.

Et pourquoi en serait-il autrement?

Ne mettons-nous pas tous nos soins, tout notre zèle à troubler la liberté des mouvements et des fonctions propres à chaque cellule de l'économie, et, partant, la spontanéité d'actions physiques, mécaniques et chimiques inhérente à l'organisme, sous la condition première des forces qui l'animent?

Ce n'est pas que les forces vitales soient, comme on le dit communément, amoindries ou dégénérées; elles ne peuvent ni s'amoindrir ni dégénérer à aucune période de l'existence de l'espèce ni des individus. Les forces vitales sont dans la nature humaine ce qu'elles y étaient à l'origine, et elles y persistent, identiques à elles-mêmes, jusqu'à la mort.

« Une somme déterminée de force, dit Bichat, est répartie en général dans l'organisme : or, cette somme doit rester toujours la même, soit que la distribution ait lieu également, soit qu'elle se fasse avec inégalité; par conséquent, l'activité augmentée d'un organe suppose nécessairement l'inaction des autres. » Alors l'unité individuelle commence à se trouver dans un état de souffrance, parce que l'excès d'activité d'un organe appelle ordinairement un excès de nutrition, tandis que le défaut d'activité relative dans d'autres organes produit un phénomène opposé.

Ainsi, la plupart de nos maladies n'ont point d'autre cause que le défaut d'équilibration dans la distribution de la *force vitale*. Mais comme cette force n'est point encore connue d'une manière assez positive, et qu'en définitive elle est résumée dans le système nerveux, nous disons seulement que ce défaut d'équilibration est dans l'action du système nerveux, qui, de son centre unique, et par ses branches, ses rameaux, ses ramuscules divers, met en fonction toutes les cellules dont se compose le mécanisme vivant.

Donc, tout ce qui contrarie la liberté d'action normale du système nerveux est une cause de malaise ou de maladie.

Par exemple, et pour rappeler notre point de départ, prenons la pesanteur atmosphérique, qui nous initie à la vie individuelle.

La surface moyenne du corps humain étant d'environ 15 pieds carrés, on évalue à plus de 33,000 livres le poids des colonnes d'air que porte cette surface. Conséquemment, plus on s'élève dans l'atmosphère, plus la pression diminue, et plus l'acte nerveux de la respiration devient accéléré et pénible. L'élasticité des gaz, des liquides et des solides de toutes les cellules du corps vivant n'étant plus suffisamment sollicitée par la pression atmosphérique, l'équilibre se rompt, le travail cellulaire est gêné, suspendu, et toute l'économie, *écrasée*, tend à se désassocier pour rentrer sous l'empire de la gravitation des corps inorganiques. Semblablement, à la surface de la terre, lorsque l'air est trop léger, la respiration devient difficile, nous nous sentons lourds et éprouvons un malaise général.

En résumé, la pression normale de l'atmosphère, quelles que soient d'ailleurs ses autres qualités, mais tout en tenant compte des quantités proportionnelles des substances qui la composent, n'est jamais sensiblement augmentée ou diminuée sans qu'il en résulte quelque trouble dans l'action nerveuse, les mouvements et les fonctions normales des cellules de l'organisme. Aussi les personnes dites *nerveuses*, très-sensibles aux moindres variations dans la pesanteur de l'atmosphère, se prétendent-elles très-*expertes* à prédire la pluie ou le beau temps. On sait, du reste, que ces variations influent considérablement sur l'état des malades.

Il y a bien d'autres espèces de pressions auxquelles nous sommes soumis de par notre volonté, et qui, troublant l'élaboration cellulaire, constituent l'homme dans un état anormal, le disposent à être envahi par d'autres désordres produits, soit par le défaut d'électricité, de lumière et de chaleur, soit par la privation ou l'altération des autres éléments essentiels à l'existence, soit par des excès de toutes sortes, par les passions et les vices. La vie que nous menons volontairement n'est-elle pas une infraction continuelle aux lois qui règlent notre nature ?

Laissant de côté ces causes de dégénérescence des tissus de la cellule, voyez les vêtements imposés par la mode, ce tyran redouté de tant d'esclaves : l'usage des bretelles, des jarretières, de la cravate, de toutes les autres pièces orthopédiques, à compression permanente, amène nécessairement des infirmités spéciales. Mais c'est l'usage du corset qui, certes, est l'une des sources les plus déshonorantes pour la forme, les plus désastreuses pour la santé. Cette constriction circulaire permanente exercée par le corset sur la partie inférieure du thorax, quelque faible qu'elle soit, a pour fin certaine des torsions ou déviations des vertèbres, et des infirmités précoces qui impriment sur la face les symptômes du rachitisme ; et ces symptômes seront infailliblement transmis aux générations suivantes sous telle ou telle forme de *diathèses* ou dispositions intimes nouvelles des tissus de la cellule, lesquelles se manifestent par tel ou tel ordre de produits anormaux, souvent hétéromorphes et sans lésions saisissables. — On a beaucoup écrit contre l'usage du corset, et tout récemment encore un médecin dit que « si les conseils de la science sont sans influence contre une mode qui est la source de tant de maux, la loi devrait intervenir, au nom des femmes et des générations futures (1). »

(1) Nous devons toutefois reconnaître que beaucoup a été fait pour supprimer l'usage du corset, et qu'un nombre considérable de femmes ont renoncé à s'en servir.

Mais négligeant encore cette source féconde de nos misères, laquelle est, après tout, du domaine de l'hygiène publique, et, partant, une affaire de simple police, voyons les conditions physiologiques auxquelles nous arrivons nécessairement à la suite de l'activité dont nous nous sommes fait, par nécessité ou par goût, une habitude de chaque jour.

Ici, Bichat nous dit encore : « Chaque occupation de l'homme met presque toujours en action un certain groupe d'organes ; or, l'habitude d'agir perfectionne l'action : l'oreille du musicien entend dans une mélo-

Il n'en reste pas moins vrai qu'une grande partie des difformités du rachis sont dues à cette cause, dont il eût été facile de prévenir les effets, et qui sont tellement répandues, que, sur cent jeunes filles de 10 à 18 ans, il en est à peine dix dont la colonne vertébrale soit dans un état irréprochable. Or, on ne saurait nier qu'une difformité du rachis ne soit une cause prédisposante à un grand nombre d'affections; et bien souvent il est arrivé que des médecins éclairés, après avoir successivement passé en revue toutes les causes d'une maladie du cœur, des os, du poumon, des organes cérébraux et des abdominaux, d'un asthme, d'une paralysie localisée, etc., ont été forcés de les rattacher aux troubles consécutifs et progressifs de la déviation des vertèbres. — Si encore le traitement de ces déviations, qui ont leur origine dans les nerfs, les muscles ou les os, et qui, en définitive, compromettent toujours et d'abord les conditions normales de ces trois systèmes, reposait sur des bases scientifiques; mais non, malgré les critiques des hommes les plus compétents, l'odieuse et barbare soi-disant *orthopédie*, avec ses corsets à ferrure, ses lits à extension, à traction, à compression, règne encore dans la profession et dans le public. Les abus de la ténotomie ont dépassé ceux de la saignée. Alors qu'il suffit de quelques attitudes, dont la valeur est *mathématiquement* démontrée, associées à une pression par torsion, à quelques mouvements doubles et à quelques manipulations, sans l'usage d'aucun appareil ou instrument, pour guérir en peu de temps les scolioses, il se trouve encore des hommes assez ignorants des lois de la physiologie pour emprisonner dans des cuirasses de fer de jeunes corps qui ne demandent qu'à se développer librement.

Les exercices gymnastiques tels qu'on les pratique en France sont encore une autre source d'abus. Le plus souvent les mouvements, qui sont déduits sur ce principe faux, à savoir, que *les mouvements destinés à guérir les déviations latérales doivent être ceux qui les ont produites, exécutés du côté opposé*, ces mouvements, disons-nous, tendent à consolider la difformité plutôt qu'à la guérir.

Le problème de la guérison de ces affections est loin d'être aussi simple, non-seulement à cause de la multiplicité des incurvations quant au siége, mais encore à cause de la complexité des déviations dans chaque vertèbre et des déplacements consécutifs de toutes les parties de l'organisme. En effet, la moindre déviation vertébrale entraîne des déviations relatives dans tout le mécanisme, et cette anomalie est nécessaire pour le maintien de l'équilibre. Ces circonstances font que chaque cas particulier, si ressemblant qu'il paraisse être à d'autres cas, en diffère réellement et exige une étude spéciale. — Au surplus, nous préparons pour notre troisième partie un travail sur cette question, et nous l'appuierons d'un grand nombre d'observations.

die, et la vue du peintre distingue dans un tableau ce qui échappe au vulgaire ; très-souvent même cette perfection d'action s'accompagne dans l'organe plus exercé d'un excès de nutrition. »

Eh bien ! cet excès de nutrition dans un organe, dans une seule cellule de cet organe, est une cause de désharmonie dans tout l'organisme, et le peintre et le musicien ont leurs maladies propres résultant de l'exercice de leur profession.

Que l'on veuille bien consulter les ouvrages qui ont été publiés sur les maladies provoquées par l'excès ou le défaut d'exercices de certaines parties du corps dans toute espèce de professions, et notamment le traité du docteur Lallemand sur l'*Éducation physique*, et l'on restera convaincu que tout mode d'activité habituelle, toute occupation journalière n'engageant jamais dans l'action principale qu'un certain ensemble de nerfs, qu'un certain groupe de muscles, chaque profession entraîne nécessairement à sa suite des maladies spéciales.

On conçoit également que, si chaque état a ses maladies propres, le simple changement d'état qui nous fait passer brusquement d'une certaine activité à une autre, engendre aussi des maladies relatives.

Oui, tous les hommes, qu'ils soient oisifs ou laborieux, ouvriers de corps ou d'esprit, jeunes ou vieux, riches ou pauvres, sont, par le seul fait de leur mode d'activité spéciale, si même ils ne l'étaient point par d'autres causes, confondus dans l'égalité d'une ruine physiologique précoce (1).

XII

Et pourtant il faut, à qui veut féconder le domaine de la pensée ou celui de la matière, perfectionner son être et accomplir sa destinée, il faut un travail à la fois physique, intellectuel et moral, habituel et persévérant.

(1) On ne lira pas sans un vif intérêt la conférence de M. Marchal de Calvi sur l'*État actuel de l'humanité par rapport à la maladie et à la mort*, insérée dans l'*Ami des Sciences*, 1859, p. 310 et 346. M. Marchal résume ses observations en ces termes : « On a eu bien raison de le dire, sur cent individus qui vont et viennent, et qui se croient sains, et qu'on croit sains, il n'y en a pas cinq, il n'y en a pas trois qui le soient réellement. La santé est la très-minime exception dans l'état actuel de la race humaine ; et certes,

Que faire ?

Donner l'air, la lumière, la chaleur, la nourriture, en qualité et en quantité convenables.

Ce n'est pas assez.

Il faut encore que ces conditions essentielles à l'existence soient réparties dans toute l'économie proportionnellement aux besoins de toutes les cellules dont se compose l'organisme, besoins dont les lois mêmes des mouvements vitaux ont marqué les limites et l'exigence selon l'âge, le sexe, la constitution des natures individuelles et celle des milieux où elles se développent. C'est cette harmonie entre tous les mouvements naturels des diverses parties du corps, de l'esprit et de l'âme, qui produit à la fois la force, la beauté et la santé, expressions synonymes quant à leur signification générale.

Que faire enfin pour maintenir constamment cette harmonie ?

Un certain ordre de mouvements habituels ou professionnels a pu troubler l'harmonie dans la distribution naturelle des mouvements physiques, mécaniques et chimiques de l'économie vivante. Eh bien ! combinez ensemble plusieurs ordres de mouvements habituels ou professionnels, de manière qu'ils puissent corriger entre eux l'excès en plus ou en moins des mouvements qui s'accomplissent naturellement en vous selon le mode spécial de votre activité.

Ayez donc, comme on dit, plusieurs cordes à votre arc ; ou bien, dans l'exercice d'un certain mode d'activité habituelle ou professionnelle, introduisez quelques séries de mouvements artificiels, dont l'effet certain soit de contrebalancer le dérangement occasionné nécessairement par le mouvement habituel ou professionnel dans l'ordre et l'enchaînement des mouvements naturels.

Ainsi vous maintiendrez en vous à tout âge et dans toutes les conditions sociales, la loi de vie, de mouvement et d'être, en vertu de laquelle se fait en vous la nutrition, le développement et la reproduction intégrale de votre nature individuelle.

« Dieu, dit la sagesse, n'a point fait les maladies et la mort, et il ne se réjouit point dans la perte des vivants. Il a créé afin que tout soit, et il a fait toutes les nations guérissables. »

s'il fallait réunir de toutes les parties du monde les types vraiment sains de l'espèce, la noblesse du sang et de la fibre, l'aristocratie organique, nous n'aurions pas besoin de nous serrer beaucoup pour leur faire place. »

En réalité, les maladies ne sont que le résultat de nos infractions à la loi de notre nature.

Lors donc que des maladies plus ou moins caractérisées se sont déclarées, c'est évidemment encore par des mouvements artificiels déterminés et convenablement distribués ou propres à rétablir l'ordre des mouvements naturels troublés que ces maladies disparaissent, car ce ne sont point les mouvements artificiels qui guérissent, mais bien les mouvements naturels qu'ils déterminent. Les mouvements inhérents à notre nature sont les seuls par lesquels se réalisent la nutrition, la forme et la conservation de l'être ; ce sont, en un mot, les seuls guérisseurs, *vis medicatrix naturæ*.

Encore quelques mots :

Dans notre conviction sérieuse, c'est au bon sens et à la raison, c'est à l'expérience de chacun et de tous, que nous voulons nous adresser ici.

Les notions résumées dans cette Notice nous donnent l'explication d'un grand nombre de faits observés par les gens du monde, aussi bien que par les médecins, et qui, en l'absence de toute coordination, ont été, ou totalement méconnus dans leur importance, ou rangés dans la catégorie des faits mystérieux. Sans parler ici des résultats obtenus par ceux qui se livrent, sans savoir ce qu'ils font, aux passes, aux frictions, aux attitudes et à cet ensemble de pratiques connues sous le nom de *magnétisme*, pratiques qui, en réalité, ne sont fondées que sur l'existence d'un fluide imaginaire, et dont nous avons donné l'exacte interprétation dans notre traité de *Cinésiologie*,—considérons quelques-uns des actes qui, à tout moment, s'accomplissent autour de nous.

Voici un malade qui, ne se trouvant pas bien assis ou debout, se met au lit. Aussitôt il se trouve mieux. La gêne qui le tourmentait se dissipe, sinon par le seul fait de la situation horizontale ou du relâchement des muscles, tout au moins par le fait d'une attitude cherchée et trouvée, souvent après de longs efforts. Cette attitude, — ce mouvement, — cette forme de traitement, — suffit parfois pour amener un état tolérable. D'autres fois elle est insuffisante, et il en faut prendre une nouvelle, c'est-à-dire qu'il faut faire se succéder une série d'attitudes qui peuvent produire une amélioration plus ou moins solide.

Ceux qui n'aiment pas à se payer de mots ne se contenteront pas des vagues explications de *repos*, de *chaleur*, de *résolution des membres*, de *calme*, etc., et ils chercheront, ainsi que nous l'avons fait, à utiliser systématiquement ces observations

Au surplus, ce besoin du séjour au lit est loin d'être général (1). Dans certains cas, en effet, diverses attitudes bien différentes de la situation horizontale sont instinctivement recherchées. Certains malades sont mieux assis, les jambes étendues ; ceux-ci veulent avoir le tronc fléchi sur le bassin, la tête inclinée ou redressée, etc. C'est notamment dans les affections nerveuses que ces faits sont importants. Dans l'asthme, dans les migraines, dans les névralgies des membres, il est facile de s'assurer que chaque individu affecte de prédilection une attitude sous l'influence de laquelle il déclare qu'il est mieux, et que tout autre situation lui serait insupportable.

Constatons donc ce premier fait :

Il y a, pour la plupart des malades, une certaine attitude bienfaisante qui doit être le premier élément du traitement cinésique.

En effet, l'attitude étant modifiée, tel ou tel mouvement naturel est aussi modifié selon sa direction et son intensité.

Mais fréquemment, l'attitude ne suffit pas, et le malade recherche instinctivement par de véritables mouvements artificiels à améliorer sa souffrance. Tantôt, il frictionne la partie douloureuse, — notamment dans les névralgies rhumatismales quand la douleur est fixe ; — s'il y a élancements, il comprime certains points du nerf, et prévient la succession des crises. D'autres fois, — dans les coliques, par exemple, le malade relâche les muscles abdominaux par la flexion du tronc et des cuisses, et enfonce profondément sa main ouverte ou fermée dans la masse intestinale, — et souvent il obtient ainsi un soulagement momentané.

Ces mouvements, cette *autocinésie*, est surtout remarquable dans les cas si fréquents et si variés que l'on désigne sous l'expression vague et collective de *maux de tête* : ici le malade s'évertue à pratiquer des pressions, des compressions, des percussions tout à fait dignes d'attention. Il comprime à l'aide de l'index certains foyers douloureux ; et, par exemple, dans la névralgie de la cinquième paire, les nerfs sus et sous-orbitaires, il pose la main entière sur le front et pratique de douces frictions généralement suivies de soulagement; il incline la tête de manière à obtenir des compressions permanentes par quelque saillie articulaire ou musculaire ;

(1) Les hallucinations peuvent être produites par la situation horizontale et cesser par un changement d'attitude. MM. Baillarger et Moreau ont cité des cas où selon la position assise, couchée ou debout, ces phénomènes se montraient ou disparaissaient.

il pétrit les engorgements cellulaires et ganglionnaires de la base du crâne, etc.

Les douleurs violentes connues sous le nom de crampes d'estomac sont souvent soulagées par la compression du creux épigastrique. Enfin on peut rattacher à ces pratiques les frictions, les claquements, extrêmement variés, que l'on exécute spontanément dans les évanouissements, les syncopes, les asphyxies. On peut y rapporter aussi les efforts de respiration.

« Observez un individu affecté d'hypochondrie, disent MM. Percy et Laurent, dans leur très-remarquable travail sur la *Percussion*, il lui semble que ses côtés sont distendus, boursoufflés, et dans cette idée, qui n'est pas toujours chimérique, il les comprime avec les poings fermés, et ce n'est qu'en les percutant qu'il se soulage, qu'il se procure ces éructations bruyantes et quelquefois ces déjections bilieuses qui sont suivies d'un calme si doux. »

Dans le vertige épileptiforme et aussi dans le vertige *à stomacho læso*, les malades se frictionnent le front et les yeux ; ils secouent leur tête souvent à tort, nous en convenons ; mais le fait n'en est pas moins à noter.

Signalons en dernier lieu, et sans avoir, certes, épuisé le sujet, ces mouvements musculaires tout spontanés à l'aide desquels certains malades *se détirent*, et remédient de la sorte aux conséquences d'une inaction forcée.

Quelquefois les malades obtiennent de la sorte une véritable guérison, mais le plus souvent, l'absence de méthode dans les procédés et l'ignorance en anatomie et en physiologie, fait qu'il y renonce. D'ailleurs quand la souffrance n'est pas très-aiguë, on ne retrouve pas ces efforts instinctifs sollicités par les organes souffrants.

Dans certaines affections, par exemple, dans les paralysies et dans les difformités, il arrive même que, soit crainte de la douleur, soit paresse organique, toute l'activité se concentre sur les parties les plus fortes, et le mal en est nécessairement aggravé.

Nous pouvons néanmoins constater un second point important pour la démonstration de notre méthode, à savoir :

Dans un grand nombre d'affections qui laissent l'intelligence intacte, les malades recherchent, non-seulement l'attitude convenable, mais aussi certaines formes de mouvements, à l'aide desquelles ils obtiennent d'eux-mêmes et sur eux-mêmes une amélioration réelle, passagère ou durable.

En réalité, l'effet physiologique de toute forme de mouvement est déterminé selon l'attitude et l'état de tension ou de distension volontaire des parties sur lesquelles doit uniquement porter l'action. La main du médecin est alors le seul instrument nécessaire pour communiquer le mouvement à l'ensemble de l'organisme ou à l'une quelconque de ses parties, intérieures ou extérieures, isolées. Et quel instrument plus parfait, plus convenable, que la main qui détient en elle toutes les forces vivantes de l'organisme et peut en modérer l'action selon l'intelligence et le tact du praticien? — Voilà toute la théorie, la méthode et la pratique.

Les faits que nous venons d'indiquer ne nécessitent pour être observés aucune aptitude particulière; et peu d'entre nos lecteurs ne sont pas sans les avoir reproduits et éprouvés.

Outre les attitudes et les mouvements automatiques, il existe un grand nombre de pratiques qui ne sont pas moins dignes d'observation et qui dérivent non-seulement de l'instinct, mais encore de la tradition; nous voulons parler des mouvements exécutés par les *bonnes femmes*, par les mères, par les nourrices et par les gardes-malades, notamment sur les enfants. On voit que nous négligeons en ce moment les pratiques des *rebouteurs* et des *masseurs*, pratiques qui prennent déjà le caractère d'un système, et qui, pour absurdes et dangereuses qu'elles soient fréquemment, n'en sont pas moins dignes d'attention.

Mais notre seul but en ce moment étant de démontrer que la méthode de traitement que nous préconisons trouve sa sanction non moins dans les instincts de notre nature, que dans la physiologie rationnelle, il nous a suffi de rappeler quelques-unes de ces pratiques répandues dans toutes les classes de la société. On trouvera plus loin des observations que ne saurait contester la science la plus rigoureuse et qui justifieront notre zèle pour la réintégration de l'art du mouvement curatif dans la thérapeutique de nos jours.

Nous avons eu souvent occasion de le dire : nous n'avons rien apporté de nouveau, seulement nous croyons avoir systématisé plus complétement qu'on ne l'avait fait avant nous, et dans des rapports plus intimes avec ce qui se passe naturellement dans l'organisme humain, les nombreuses formes de mouvements qui sont employées sans méthode. Conséquemment nous avons réussi à dissiper un grand nombre de maladies qui jusqu'à présent ne semblaient pas curables par les moyens ordinaires, ou qui l'ont été plus promptement et plus radicalement par les procédés cinésiques.

En résumé :

Des observations que nous venons de faire résulte la division de la Cinésie en trois parties : l'une *éducationnelle*, , l'autre *professionnelle* et la troisième *curative*. Toutes trois, fondées sur le même principe, ne diffèrent entre elles que par la différence des séries de mouvements appropriées à l'état de chaque nature individuelle.

TABLE DES MATIÈRES

PRÉFACE : Division, — définitions.. 5

Première partie : FAITS THÉORIQUES.

I. — Des mouvements vitaux.

De la vie : état statique, état dynamique, corrélation des mouvements avec les triples forces vitales qui ont organisé la matière; immanence. — Discussion sur les forces vitales à l'Académie de médecine.. 7

II. — De la force vitale et de ses lois.

Opinion de M. Cruveilhier. — Différence des forces dans la molécule brute et la molécule organisée; d'où la différence de leurs lois. — But de l'activité de l'homme. — Définition du mot *nature*. — Notre opinion et celle de Carus sur la nature. — Tendances vers la connaissance de la loi de vie universelle. — Le dogme chrétien 8

III. — Le mouvement initial de l'être est dû à une pression. — Communication successive de mouvements organiques. — Marche de l'action nerveuse. — Nœud vital. — Mouvements concentriques et mouvements excentriques. — Passiveté et activité. — Influence des milieux 10

IV. — Développement de l'être. — Éléments anatomiques. — Double mouvement continu de la nutrition. — Reproduction de ces actes dans l'ordre spirituel. — Trois grands problèmes corrélatifs. — Unité du mouvement par la cellule nerveuse. — Localisation de ces actes dans les diverses parties de l'appareil nerveux. — Doctrine cellulaire : M. Flourens et M. Virchow. — Corrélation des forces organiques parallèle à la corrélation des forces physiques. — Idée de la différence de ces forces. — Corrélation correspondante entre les forces, les mouvements et les fonctions. — Analogies et différences. — Analyse des actes morbides basée sur l'altération initiale de la direction des mouvements moléculaires normaux.. 12

V. — Déductions thérapeutiques : reproduction artificielle des mouvements naturels, seule méthode scientifique ; distinction des agents physiques, mécaniques et chimiques. — Opinion de M. Ch. Robin sur les agents pharmaceutiques. — La pression, forme élémentaire du mouvement thérapique........................ 18

VI. — Esquisse historique du mouvement artificiel. — La Grèce et Rome : Hippocrate, Galien, Oribase, Rufus d'Éphèse, C. Aurelianus, Théophraste. — Le Moyen Age ; la Renaissance. — Descartes, Borelli. — Les iatro-mécaniciens : de Sauvages, Boerhaave, Cheyne et F. Hoffmann. — Les sept règles de la santé. — Le P. Amiot : de la méthode chinoise, du mouvement curatif (*cong-fou*). — Méthode suédoise ; méthode grecque : similitude de ces trois méthodes et unité de la doctrine cinésique ; son union intime avec la physiologie et la biologie ; sa confirmation par le progrès des sciences.. 20

VII. — Indication de quelques formes de mouvements actuellement entrées par voie empirique dans la pratique médicale. — Notes sur les procédés cinésiques au Moyen Age.. 27

VIII. — Énumération des maladies traitées par le mouvement méthodique. — Coup d'œil sur les indications thérapeutiques. — Enchaînement des actes morbides.. 28

IX. — Idée de la doctrine cellulaire au point de vue des effets des mouvements curatifs. — Analogies de l'ordre végétal, de l'ordre animal et de l'ordre psychique. — L'union intime de ces trois ordres constituant l'être moral est sous la dépendance de la sphère d'action du système nerveux. — Principe universel un et triple à la fois ; analogies universelles.. 30

X. — Analyse de la propagation des actes morbides au point de vue de la doctrine cellulaire : des compressions sur les filets nerveux ; paralysies localisées ; formation de sécrétions pathologiques ; hétérotrophies ; hétéromorphies. — Des mouvements naturels qui rétablissent l'ordre : mouvements naturels, spontanés et provoqués. — Résorption des hétérotrophies. — Distinction des agents pharmaceutiques et des mouvements artificiels.. 34

XI. — L'activité individuelle cause de désordres fonctionnels. — Inégale répartition de l'activité. — Exemple emprunté à la pression atmosphérique. — Des autres causes de désordres organiques. — Des vêtements, du corset, des professions. — État général de l'espèce humaine. — Note : observation de M. Marchal de Calvi........ 35

XII. — Rétablissement de l'équilibre dans les appareils organiques par le mouvement d'ordre cinésique. — Confirmation tirée de l'instinct des malades. — Remèdes traditionnels consistant en certaines formes de mouvements : bonnes femmes, rebouteurs, masseurs. — Résumé : division de la Cinésie en trois parties ; l'une *éducationnelle*, l'autre *professionnelle* et la troisième *curative*....... 39

Typographie Ernest Meyer, 22, rue de Verneuil, à Paris

www.ingramcontent.com/pod-product-compliance
Ingram Content Group UK Ltd.
Pitfield, Milton Keynes, MK11 3LW, UK
UKHW020958220726
13924UKWH00002B/760